DISCOVERING
CLIMATE CHANGES

原来世界
这么奇妙

探索气候变化

［意］安德里亚·米诺格里奥　著

［意］劳拉·范妮　绘

林凤仪　译

GUANGXI NORMAL UNIVERSITY PRESS
广西师范大学出版社
·桂林·

目 录
CONTENTS

全球变暖

　　地球的温度总是既不太热又不太冷：平均温度15℃左右，是最适合生命繁衍生息的。不过，我们所了解的其他行星可能就没有那么幸运了。举个例子：水星的平均温度约为425℃，就像在烤箱里一样！昼夜温差近600℃！多亏了地球的大气层（以及组成它的气体），能够过滤太阳发出的射线。大气层又像是一床被子，盖着它我们就不会被冰冷的宇宙冻成冰棍。然而，自从1880年有现代气象观测记录起，我们发现这床"被子"正在不断升温，地球变得越来越热：平均温度大约上升了1℃，从2001年到现在从未停止，每年都在升温。几乎所有科学家都认为，罪魁祸首就是人类，还有我们产生的温室气体。说得通俗一点，地球"发烧"了。我们都知道，如果有人发烧了，那就必须好好照顾这个病人。

之前……

从大约80万年前到1950年，大气中的二氧化碳平均含量一直在不停地变化，但始终保持在百万分之300以下。

纵观整个历史，由于自然原因，地球的平均温度多次升高和降低。

为什么制止全球变暖是当务之急

在全球变暖的影响下，四季会发生变化，开花期也会变长，结冰期很有可能会消失，部分农作物也很有可能会遭到损害。

无论是在海洋上还是在陆地上，许多动物不得不冒险迁徙，有些甚至可能会灭绝（请参阅第24页）。

随着温度的升高，森林火灾的风险也会大大增加（请参阅第56页），会有更多的二氧化碳被释放到大气当中。

随着温度的升高，一些对人类和农作物有害的昆虫将会攻占新的根据地——那些地方以前温度很低，昆虫们无法到达。

后来……

从2001年往后的18年，地球一年比一年热。

从1950年到2020年，大气中的二氧化碳含量已超过了百万分之417！

与1880年相比，2100年的温度预计会上升2℃，在最坏的情况下，温度甚至会上升5℃以上！

温室效应是如何形成的

1. 大气层

　　我们的地球被一层空气包裹着，这些气体被统称为"大气层"。它能够过滤太阳的射线。一部分光线可以穿透大气层，另一部分光线则会被反射回太空。

太阳

2. 反射和吸收光线

　　通过大气层的一部分光线在半路上就"失踪"了，它们被冰、雪、水面、草坪、沙漠反射出去，另一部分光线被海洋和大地吸收，地球的温度也随之上升。

3. 地球的热量

　　地球释放出的一部分热量被"送回"太空，另一部分被大气层中的一些气体捕获。这些气体像温室中的玻璃一样，阻止热量散失并将它们"原路遣返"。因此，我们这颗星球的平均温度能够保持适中。

你可以做些什么

　　全世界的儿童和青少年都在努力奋斗着，以自己的环保行动影响着身边的人，为我们的地球做出更多的贡献。在日常生活中，你能做的还有很多很多。试着只吃本地生产的当季食物吧，你只需要在去超市购物时读一下食物的标签，或者直接看看是哪里出产的。通过这种方式，我们可以避免吃到在长途运输中可能会遭到污染的食物。

4.温室气体过多

都是污染惹的祸！人类大量使用化石燃料（煤、石油、天然气等），向大气释放了过多的温室气体——这些气体往往能"留住"更多热量，使得地球的温度不断上升。

热量

臭氧层空洞

在大气层中，有一层是由臭氧（你没看错，臭氧也是一种温室气体）组成的，它可以过滤阳光中的紫外线。20世纪80年代，科学家们意识到：地球的这个"保护层"正变得越来越稀薄，很有可能会对气候造成危害。因此，1987年，多国政府达成统一意见，禁售了一些会对臭氧层产生危害的气体——这些气体经常被用于冰箱或喷雾罐中。你猜结果怎么样？从2000年起（在这一年，"拯救臭氧层计划"已在全球范围内广泛实行）到2018年，臭氧层空洞逐渐缩小。今天，它仍处于"修复"过程中。

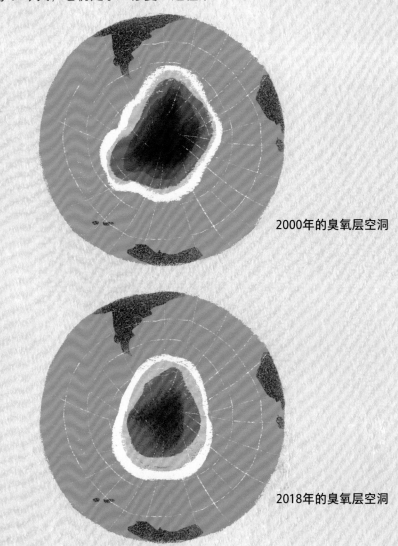

2000年的臭氧层空洞

2018年的臭氧层空洞

他们在做什么

2015年，全球近200个缔约方在巴黎召开会议，签署了一项协议：将尽一切力量把地球平均温度的上升幅度控制在2℃以内（从1880年开始计算），最好能限制在1.5℃以内。这是一个十分远大的目标：为了达到这一目标，从2020年开始，全球的碳排放量必须开始降低，等到2030年时，全球的碳排放量要控制在400亿吨左右。只有每个人都参与到这个计划中来，我们才能成功。毕竟，我们别无选择：如果平均温度上升超过5℃，那么地球上的生物将面临极大的威胁。

7

海平面上升

当你戴着氧气面罩潜入深海，也许是为了看看海底的鱼儿，或者只是和朋友们一起玩耍，你会发现大海真是奇妙。不过，如果一切都反过来，大海不请自来，去你家里"拜访"你……那将是一场真正的灾难！不幸的是，在未来的几年中，生活在沿海地区的数百万人即将面临这样的危险。事实上，在全球变暖的影响下（请参阅第4页），最近150年来，海平面平均上涨了约20厘米。1993年至今，在卫星的监测下，海平面足足上升了将近10厘米！这可是千真万确的，而且这种事也不是第一次发生了！

为了说明地球平均温度上升对海平面的影响，先给你举个例子，几千年前，地球的平均温度上升了4℃，海平面直接上升了130米！在大多数科学家看来，人类活动是造成今天这一局面的罪魁祸首。如果不想遭受"灭顶之灾"，我们必须立刻采取行动。

之前……

海洋覆盖了地球表面约71%的面积。对于全人类来说，海洋是一种极其重要的资源。

有超过6亿人居住在低海拔（海拔1~10米）的沿海地区。

在距离海边不超过200千米的城市中，居住着大约30亿人（约占世界人口的40%）。

为什么阻止海平面上升非常重要

海水侵蚀土壤，会损害庄稼并污染储备的饮用水。

洪水会造成沿海地区的人们流离失所、食不果腹，人们被迫迁移到其他地方，而接收这些难民的国家和地区也会产生许多新的问题。

太平洋中的一些小岛，平均海拔只有几米，例如基里巴斯圣诞岛，如果海平面继续上升，小岛很有可能会完全消失。还有许多"正在沉没"的大城市，例如威尼斯、鹿特丹、迈阿密、曼谷、雅加达等，也面临着严峻的问题。

后来……

据估计，海平面每上升约1厘米，地球上就有约600万人面临洪灾的威胁。

根据NASA（美国国家航空航天局）的调查，目前，海平面平均每年上升约3.3毫米。

根据科学家最乐观的预测，到2100年，海平面将上升18～69厘米。根据最悲观的预测，海平面将升高1米以上。

海平面上升的原因和程度

1. "正常"水平

　　水升温的速度较慢，且它吸收热量的能力是空气的4倍。这是毋庸置疑的，在地球上也是如此。海洋吸收了全球变暖产生的绝大部分热量（大约80%以上）。

2. 热量增多，海平面上升

　　然而，就像给瓶子加热会使瓶子里的水面升高一样，全球变暖导致海水吸收的热量增多，连海洋也开始变热，像是锅里的沸水。海水会随着变热而膨胀，虽然，海水的相对总量没有改变，但是由于温度升高，它的体积也在变大。三分之一的海平面上升都要归结于这个原因。

你可以做些什么

　　海滩和沙丘是抵御海浪侵袭的天然屏障，请在已规划好的道路上行走，不要到处乱踩乱踏。如果你发现周围有垃圾，即使不是你扔的，也请把它们捡起来并扔进垃圾桶。滨海湿地（也就是陆地生态系统和海洋生态系统的交错过渡地带，包括潟湖和盐碱地等）也是一样的。这些地方是阻挡洪水的天然屏障。一些研究表明，以上区域可以减缓水土流失，吸收二氧化碳，延缓全球变暖的趋势。许多环保组织都提出了自己的环保计划，你也来出一份力吧！

4. 海平面上升不均匀

在全世界范围内，海平面上升的程度各不相同。地球仿佛是一个巨大的浴缸，造型匀称，缸壁光滑。就像倾倒盛满水的瓶子时不一定能够匀速把水倒出一样，大量的水在海洋中流动时，在引力的作用下，水的分布也并不均匀。有些地方的海平面升高得多，有些地方则升高得少。

3. 冰块融化的后果

约有三分之二的大陆冰川（也就是覆盖在大陆上的冰盖，主要位于南极洲和格陵兰岛）面临融化的危险。如果往盛了水的烧瓶里不断倒入冰块，烧瓶里的水面就会持续升高。同理，冰川融化会导致海洋水量增加，使得海平面进一步上升。

他们在做什么

一座长达7.5千米的大坝正在纽约破土动工，将于2025年落成；迈阿密也开始了自己的计划，增高沿海的路基……面对不断上升的海平面，世界上的许多城市都着手准备"防御计划"。除了保护现有的城市，人们还提出设想：是否可以建造漂浮在海面上的新城市？"漂浮城市"的概念就这样诞生了。以这个概念为主题而设立的项目已提交给联合国，其目标是致力于创造多座能够实现自给自足的小型"岛屿"。

砍伐森林

植物也会"呼吸"，也和人类一样可以排放出二氧化碳。不过，在叶绿素的光合作用下，植物还会吸收二氧化碳，释放出氧气。因此，我们经常能听到有人将森林（也就是树木密集的大片区域）称作"地球之肺"。事实上，超过50%的氧气是由生活在海洋表面的藻类和微小植物（也就是浮游植物）产生的。此外，在我们的大气层中有足够多的氧气，可以让人类呼吸几千年。乱砍滥伐引起的真正问题是，砍伐一部分森林后会给其他物质腾出空间，那就是二氧化碳！树木被砍伐或死亡后，不仅会停止吸收二氧化碳，还会将之前积累的所有二氧化碳全部释放出来，这就加强了温室效应，我们这颗星球的温度也会随之升高。

之前……

全球约30%的陆地被森林覆盖。

全球约有16亿人要依赖森林维持生活。

为什么拯救森林势在必行

森林是生物多样性的集中地，地球上80%左右的陆地物种都生活在这里，乱砍滥伐会使许多物种濒临灭绝。

如果树木存活下来并不断生长，森林将成为二氧化碳的"吸收剂"。如果它们被砍伐或者死去，森林就会变成二氧化碳的"排放者"，也就是说，它们排出的二氧化碳将比吸收的要多得多。

如果没有树木，土壤更容易被侵蚀，会增加滑坡的风险。

森林也在水循环中起着重要作用：如果树木减少，雨水也会减少，地球将变得更加干旱。

后来……

在人类排放的温室气体中，约17%以上是由砍伐森林造成的。

从2001年到2018年，全球损失了约35万平方千米的森林，仅2018年一年，就损失了约24万平方千米的森林！

亚马孙雨林生态系统是如何运行的

二氧化碳

二氧化碳和氧气

3. 水蒸气的排放

植物通过叶子散发出水蒸气。水蒸气带走了植物和周围环境中的热量，使空气冷却下来，形成了云，进而降下了雨水。

1. 光合作用

多亏了阳光，亚马孙雨林通过叶绿素进行光合作用，每年能够吸收数十亿吨的二氧化碳，同时释放出氧气和二氧化碳（树木也会通过呼吸作用产生一部分二氧化碳）。

2. 二氧化碳循环

一部分二氧化碳与植物根部吸收的水分一起转化为葡萄糖，可以为植物提供营养。与此同时，另一部分二氧化碳被植物和土壤以碳的形式吸收并保存下来。

水蒸气

二氧化碳

你可以做些什么

如果条件允许的话，你可以种一棵树。对于我们这颗星球的气候来说，树木起到了举足轻重的作用。不过，种植新的树木绝不是毫无节制地乱砍滥伐的借口。你可以加入"种树小分队"，试着在一些指定的种植体验区种花或种植其他植物。此外，你还要养成一个好习惯：当你画画或写字的时候，把纸的正反两面全都用上。

4. 释放二氧化碳

当砍伐树木或燃烧木头时，它们储存的二氧化碳会被重新释放到大气中，这将使地球的温度继续升高。

二氧化碳

5. 森林的死亡

如果气温不断升高，空气变得越来越干燥，植物就会试着从土壤中吸取更多的水来"降温"。但是因为降雨减少，土壤中的水分也会变得越来越少。森林无法满足自身生长的需要，因此开始死亡并释放出越来越多的二氧化碳。

这一切是如何发生的

集约化农业和畜牧业的发展是引起乱砍滥伐的主要原因，尤其是在南美和东南亚。在全世界范围内，人口不断增长，需要的食物也越来越多。因此，人们砍掉越来越多的树木，为种植庄稼和放牧牲畜腾出空间。另外，也给建造城市和修建道路让位。通过砍伐森林，人们还可以获得木材，以满足各种不同的生活需求（例如打造家具和制造书写用的铅笔），生产纸张（纸张就是用木头做的）。森林火灾（请参阅第56页）也是树木越来越少的一大原因。随着气温不断升高，大火更容易蔓延，也更难被扑灭。

他们在做什么

1999年，年仅9岁的珍妮·利凯尔和艾斯林·利文斯敦在哥斯达黎加创立了"儿童拯救雨林"环保组织。他们出售纸浆做成的瓶子和彩色的石头，然后用赚来的钱在附近的森林中种植树木。他们种下了几千棵树，也做出了其他的环保努力，例如安装绳索桥，以帮助伶猴过马路。如果不在空中帮它们"牵线搭桥"，这些小动物就会去攀爬电线，一不小心就会被电死。

城市化

　　也许你很难相信，虽然城市只占地球整个面积（不包括海洋）的3%，但它却是42亿人口的家园，城市人口占全世界总人口的一半以上。事实上，有太多的人聚集在城市的狭小空间里。未来城市的人口会越来越多。等到2050年，预计将新增25亿城市人口，主要集中在亚洲和非洲。这将会带来怎样的后果呢？会出现更多的居民楼、更多的道路、更多的空气污染现象、更多的垃圾和更多的超大城市（也就是城区常住人口超过1000万的城市），也将会有更多的能量被消耗掉。如今，全球有33个超大城市。预计在10年内，总共将会出现43个超大城市。不过，城市化——也就是新城市的建设或现有城市的扩大——带来的也不全都是负面影响。如果城市纵向发展，向高空延伸，并在发展过程中遵循生态法则，那么在一些科学家看来，这就可以消耗较少的土地，并减少人口增加给环境带来的影响。

之前……

许多人认为埃利都是人类历史上的第一个城市。大约在公元前6000年前后，它出现在美索不达米亚平原。

1950年，全世界只有29%的人居住在城市中。

为什么控制城市化很重要

"热浪"（即大范围异常高温空气入侵或空气显著增暖的现象）在城市中出现得更为频繁，也更加危险。在"城市热岛效应"的影响下，城市中的温度甚至有可能会"更上一层楼"。

大城市还会产生大量垃圾，如果处理不当，将会污染环境和水源。

城市，尤其是不断横向扩张的城市，将会造成自然栖息地的碎片化——动植物的栖息地会被马路、铁路和其他人类建筑分割成碎片，导致自然界的平衡被打破，还会使得一些物种面临灭绝的风险。

如今，全世界超过55%的人居住在城市里。等到2050年，这一比例将上升到68%。

后来……

东京是世界上人口最多的城市：有3700多万人。人口较多的其他城市有新德里（2900万），上海（2600万），圣保罗、墨西哥城（各约2200万）等。

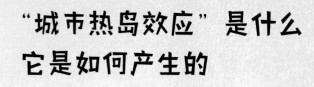

"城市热岛效应" 是什么
它是如何产生的

1. 离开 "城市热岛" 区域

在某一个炎热的夏日，你或许有过类似的经历：结束了酷热的一天，骑自行车回家的路上经过一个公园，一阵清风扑面而来，仿佛气温都下降了几摄氏度。这是因为你刚刚离开了 "城市热岛" 区域（即比周围的农村、城郊住宅区和大型公园都要热的城市区域）。这是怎么回事呢？

2. 植物帮了大忙

除了可供人类乘凉，植物还可以用根部吸收水分，通过叶片气孔排出水蒸气，这种现象被称为 "蒸腾作用"，是一种天然的 "空调" 现象，可以使我们的空气变得更加清凉。因此，城市中没有植物的区域，气温也会略高几摄氏度。

你可以做些什么

空调可以帮助建筑物和汽车内部降温，但是会消耗能量，并向外释放热量。你可以试着少开空调，或者在开空调的时候关好门窗，避免削弱空调的制冷效果。为了对抗白天的高温，你可以试着拉下百叶窗（或直接关上窗户），并打开风扇，一般来说，这样就足够了。记得要多喝水，每天少量多次饮用，还可以多吃水果和蔬菜，不要吃太油腻的食物，尽量不要在阳光下暴晒，也不要在最热的时候出门。

3. 沥青产生的热量

马路上的沥青、建筑物的混凝土和所有深色的物体表面吸收了绝大部分的阳光，只有极少数被反射回去。这些阳光被转化为热量，然后在夜间被释放出来。此外，用于修整道路的防水表面不能吸收雨水，水分无法从土壤中蒸发出去，因此无法净化空气，降低温度。

5. 热量增加

"城市热岛"区域的平均温度比周围地区高约0.55℃~5.5℃。在夜间或城市周围有许多植被时，"城市热岛效应"尤为明显。将来，在某些城市中，平均气温预计会升高8℃，最高温度甚至有可能达到50℃！

4. 发动机的热量

工厂、汽车和任何带有发动机的机器都会产生热量。热量增加得越多，人们在家里、汽车里和办公室里使用空调的频率也就会越高。在这种情况下，会产生越来越多的热量，因此更需要多开空调来降温。这就像一只追着自己尾巴的猫，它跑得越快，就越抓不到自己的尾巴！

他们在做什么

为了减轻"城市热岛效应"，一些城市已经开始增加绿地面积。举个例子，墨尔本计划从现在开始到2030年，每年至少种植3000棵树。在全世界的许多地区，人们在自家屋顶和大厦楼顶上种下植物，来创造所谓的"屋顶绿化"。而在洛杉矶和其他一些城市，人们使用一种夹杂着白色颜料的特殊油漆重新涂刷道路表面。和普通的沥青相比，这种油漆能反射更多的阳光。

冰川融化

　　我们可以在某些地方欣赏到许多种不同的冰川：有些是存续多年的冻土层（也就是"永冻层"），有些是覆盖在南极洲和格陵兰岛等广大地区的巨大冰层（我们称之为"极地冰盖"），也有由海水冻结而成、厚达两三米的大冰块（即大浮冰群），它们在极地地区的海洋表面任意漂浮。所有这些冰与雪一起形成了我们的冰冻圈，这是我们星球上的固态水。在夏季的高温下，部分冰雪会融化，这本来是一种十分正常的现象，可是据科学家们说，最近几十年来出现了一个问题：冰块的融化速度变得越来越快，雪线也在不断下降。

之前……

地球上约有10%的陆地和12%的海洋被冰川覆盖，它们可以反射太阳光，阻止陆地或海洋吸收热量，从而防止温度上升。

约有400万人定居在北极地区，约有6.7亿人生活在高山地区。在这些地方，冰雪也是旅游收入的来源。

为什么冰川如此重要

冰层反射了太阳的光线，是抵御全球变暖的屏障（请参阅第4页）。

如果地面上的冰层融化，海平面就会上升。在水面上漂浮的冰块并不会使海平面上升，但会影响洋流，从而改变气候。

北极熊以海豹为食，如果没有浮冰，北极熊就不得不走更远的路才能捉到猎物，它们的生存将会受到威胁。

在地球上的某些地区，多年冻土层中保存着大量的天然气，如果冻土融化使它们被释放到大气中，就会加速全球变暖（请参阅第4页）。

后来……

近几十年来，北极浮冰群每10年减少约13%。从1980年到今天，浮冰已经变得越来越少。

由于浮冰持续减少，预计到2050年，北极熊的数量将减少三分之二，幸存的北极熊将不足1万只。

极地冰川是如何形成的

1. 第一块冰

在寒冷的冬季，海水表面开始凝结成冰。气温必须降到-1.9℃（而不是0℃）以下，海水才会凝结。这是因为海水中含有一定的盐分，因此，海水的冰点（从液体变成固体那一刻的温度）比淡水更低。一开始，海水会结成长度为1~2厘米的小冰晶，然后继续"生长"。第一块冰看起来黏糊糊、油腻腻的，这就是"油脂状冰"。

2. 饼状冰

晶体继续生长，不断聚集，直到形成一块直径约有30厘米至3米的"饼状冰"。

3. 尼罗冰

"饼状冰"可以组合成体积更大的冰块，形成厚度为10厘米的薄冰层。这种冰在波浪和外力作用下容易弯曲，并可以重叠在一起，被称为"尼罗冰"。

你可以做些什么

因为北极地区的冰川不断融化，许多石油公司希望开始探测冰层，以便开采冰下的油田，这样只会使情况变得更糟。如果你距离目的地不到2千米，那么请尽量步行，并试着说服父母乘坐公共交通工具出行，尽量不要开车。在寒冷的冬季，也要学着节约资源、避免浪费。如果天气很冷，在打开空调制暖之前你可以多穿一件毛衣；如果你觉得热，不要打开窗户，可以试着脱掉过厚的衣服。最后，如果你对北极熊感兴趣，有许多环保组织正在推广保护北极熊的项目，可以去了解一下哟！

4. 初期冰

当冰块的厚度增加到10厘米以上，就会形成一层坚硬的冰壳。它不会随着波浪变形，这就是所谓的"初期冰"。

5. 夏天到来

随着春季的到来和气温升高，冰层开始融化，冰的厚度也将在夏末降到最低。

6. 多年冰

如果冰层能安然度过两个或多个夏季而没有融化殆尽，我们就将这种冰称为"多年冰"。但是，由于全球变暖（请参阅第4页），冰层的面积正在不断缩小。预计在2050年的夏天，它们可能会完全消失。

他们在做什么

由斯坦福大学工程师莱斯利·菲尔德创立的"冰川911"协会发出倡议：用数十亿个二氧化硅做成的小球覆盖在北极的"战略要地"，以此来反射阳光，减缓冰川的融化速度。这些小球有些像白色的沙粒，会"粘"在冰块上，却不会污染环境或者危害动物。在阿拉斯加的一片湖泊上进行的第一批实验取得了可喜的成果：冰层的厚度增加了。

生物多样性丧失

　　你听说过渡渡鸟吗？这种不会飞的小鸟生活在毛里求斯群岛上。17世纪中叶，也就是葡萄牙人踏上这片土地之后将近200年，渡渡鸟灭绝了。葡萄牙人来到这里后就开始砍伐森林，并引进了许多外来物种，例如猪、狗、猫、猴子等。这些行为极大地破坏了当地动物们的自然栖息地，它们无法舒舒服服地继续生活在这里。这只是一个微不足道的例子，却是当今世界发生巨变的缩影。一些科学家甚至声称，一场大规模的物种灭绝正在发生，也就是说，在相对较短的时间内，生物物种的数量正在急剧减少（预计到21世纪末，大约有50%的物种将会消失），就像约6500万年前的恐龙大灭绝一样，不过这次，小行星和火山大爆发可不是罪魁祸首，人类，才是制造悲剧的元凶！

之前……

生物多样性是指在某一区域内，所有生物物种（包括动物、植物、微生物）的丰富性。

全世界大概有870万种生物：其中约650万种生活在陆地上，约220万种生活在海洋中。约有90%的物种尚未被发现、描述和分类。

为什么维护生物多样性非常重要

许多植物、动物和微生物的存在，是地球上各种生命（包括人类）生存的必要条件。如果传粉媒介（包括蜜蜂、黄蜂、蝴蝶、苍蝇，还有鸟类和蝙蝠）灭绝了，许多人就会失去他们心爱的美食。

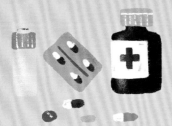

我们使用的许多药物也直接或间接来自各种生物，其中许多物种甚至在被人发现之前就已经消失了。

拥有多种不同的生物、具有生物多样性的环境也更为强大，能够更好地应对和解决各种问题，例如气候变化和各种疾病……

后来……

在人类记录在册的约11.6万种生物中，至少有3万种濒临灭绝：其中25%是哺乳动物，41%是两栖动物，14%是鸟类，20%是鱼类。

特岛信天翁

婆罗洲猩猩

罗坦岛珊瑚蛇

非洲野驴

人猿泰山瘤冠变色龙

赛加羚羊

大朱鹮

中华穿山甲

狐猴

红狼

人类进入文明社会之后，物种灭绝的速度是之前的100倍甚至1000倍！

一种小鸟是如何灭绝的

1. 安静的生活

夏威夷镰嘴管舌雀，这种爱吹口哨的小鸟自由自在地生活在夏威夷的可爱岛上，过着无人打扰的生活。

2. 不速之客

一个男人踏上小岛，想要打一桶水。一些从未在岛上出现过的蚊蝇幼虫掉进水中。他还带来了几只关在笼子里的鸟儿，其中一些鸟儿正生着病。然后呢？蚊子叮了生病的鸟儿，接着就成为传播疾病的媒介。

3. 逃生

为了逃避疾病，岛上的夏威夷镰嘴管舌雀和其他鸟儿（例如夏威夷蜜旋木雀）朝山顶飞去，那里的气温较低，蚊子无法存活。

你可以做些什么

尊重生物多样性最好的方法之一就是了解它。你所在地区生活着多少种动物和植物呢？带上笔、笔记本和照相机，开始你的探索之旅吧！像往常一样，走过同一条路，抬起头仰望天空，然后低下头俯视地面：你无法想象自己将会看到多少以前从未留意过的鸟儿和昆虫！试着去认识它们吧！如果你实在想不起这些动物的名字，可以请教经验丰富的专业人士，然后把这一切都记录在你的"航海日记"①中。如果你没有直接看到这些动物，也可以追踪它们的行迹，收集它们的羽毛、毛发、脚印，甚至是粪便！

①译者注：此处的"航海日记"并不是博物学家达尔文所著的《航海日记》，只是在建议孩子们形成自己的航海日记。达尔文的《航海日记》记录了在1831—1836年期间，达尔文随"贝格尔"号长达5年的环球旅行中的所见所闻。他主要描述了各地的动植物、地质地貌、风土人情以及自己的感想。

26

5. 灭绝

如果不采取任何措施，根据科学家们的估计，地球上约有180种鸟将会在10年内全部消失。生活在澳大利亚和新几内亚之间的布兰布尔礁上的珊瑚裸尾鼠（一种小型啮齿类动物），也遭受了同样的厄运：2019年，这是第一种由于气候变化被宣告灭绝的哺乳动物。

4. 死亡

由于气温不断升高，近几年来，蚊子也"攻占"了山顶。因此，那些无法继续向高处迁移的鸟儿开始不断死去。近15年来，岛上鸟儿的数量急剧减少。

为什么会发生这样的事情

由于人类对地球及其气候的影响，一些科学家提议：抛弃"全新世"这个名字，重新为我们生活的地质年代命名。事实上，我们正在破坏自然栖息地，造成生物多样性的巨大损失。砍伐森林（请参阅第12页），将土地变成牧场和农场（请参阅第48页），通过旅行和贸易将外来物种传播到世界各地，过度污染，大肆捕鱼和狩猎，这些都会导致全球变暖（请参阅第4页）。

他们在做什么

人们在全世界的许多地方都建立了自然保护区，来保护各种各样的动物和植物：大约有15%的土地和7%的海洋成为保护区。然而，在许多科学家看来，这还远远不够。在2030年之前，自然保护区的面积至少应占整个地球表面的30%，这也是《生物多样性公约》的目标之一。许多国家签署了这项协议，旨在保护濒临灭绝的植物和动物，最大限度地保护地球上多种多样的生物资源。2018年，"地球生物基因组计划"启动，该计划预计在10年内对150万个物种的DNA进行识别和排序，这样我们就能更好地了解到底该如何保护它们。

极端天气

　　极端天气主要包括酷热、干旱（请参阅第36页）、雷暴、冰雹、洪水，还有热带气旋（也就是伴随着强风的大暴雨，它们在海洋上空形成，也会转移到陆地上，并持续数周之久，最长的一次发生在1994年，那场暴风雨持续了整整31天）。虽然我们用听起来单纯无害的人类名字给它们命名（例如桑迪、卡特里娜、吉尔伯特、米奇……），但它们带来的影响都是毁灭性的。气候变化和这些现象又有什么关系呢？关于这一点，科学家们还在研究。现在可以肯定的是：如果继续这样发展下去，气温不断上升，空气中的水蒸气持续增加，会使得某些极端天气变得更加极端。这并不代表飓风天和雷雨天的数量会增加，但我们可以肯定的是，它们的强度会增加。换句话说，下雨的地方，雨会下得更大；不下雨的地方，会变得更加干旱。

之前……

　　热带气旋的名称因形成地不同而有所不同：如果它们发生在大西洋、墨西哥湾、加勒比海和北太平洋东部，就被叫作"飓风"；如果发生在西太平洋和南海海域，则被称为"台风"。

咖啡店

加油站

　　一项研究表明，地球上任何一个地方的降水量都有可能在短短12天内达到其年降水量（包括降雨、降雪等）的一半。

为什么避免出现极端天气非常重要

由于地球上会出现酷热、干旱、洪水和热带气旋等极端天气事件，每年都有许多人死亡，许多人无家可归。

极端天气事件也会造成严重的经济损失：2017年，在全球范围内，极端天气造成的损失估计约为3200亿美元。

在全球化的影响下，世界上的各个国家相互依赖。一些国家在遭受自然灾害而被迫停止生产某些产品（例如汽车、手机等）或某些零件的时候，经济损失会更加严重。

后来……

根据估算，地表平均温度每升高1℃，大气中的水蒸气含量就会增加约4%，导致温室效应（请参阅第6页）更加严重，并引发更多的暴雨。

从1970年到2012年，全世界共发生了8835次自然灾害，造成大约194万人死亡。

热带气旋是如何产生的

2. 云团的形成

湿润的空气有点像热带气旋的燃料,它们凝结成许多小水滴,进而形成了大块大块的云团。

3. 风眼

潮湿的空气不断上升,空气开始旋转,围绕着中心区域——也就是风眼——越来越多的云聚集于此。在赤道以北的地区,热带气旋按逆时针方向旋转,在赤道以南则按顺时针方向旋转。

1. "热水"蒸发

热带气旋形成于赤道附近的海面上。当海水温度超过26℃时,就更容易被蒸发。空气变得更加湿润,风将水蒸气带上高空,水蒸气逐渐开始冷却。

你可以做些什么

万一发生洪水、下暴雨或者刮台风,请留在室内,尽可能待在较高的楼层,不要去地下室或半地下室。关闭燃气和电气系统,尽量少用电话(防止线路堵塞)。如果你在室外,请尽可能远离桥梁(随时有可能会倒塌)、地下通道(随时有可能会被淹没)和河岸(洪水随时有可能会冲上河岸)。此外,请时刻关注最新的官方消息,认真遵循当地政府的指示。如果你看到有体积较大的垃圾堵住了排水管道,或者下水道的盖子被堵塞,请立刻向有关部门反映。

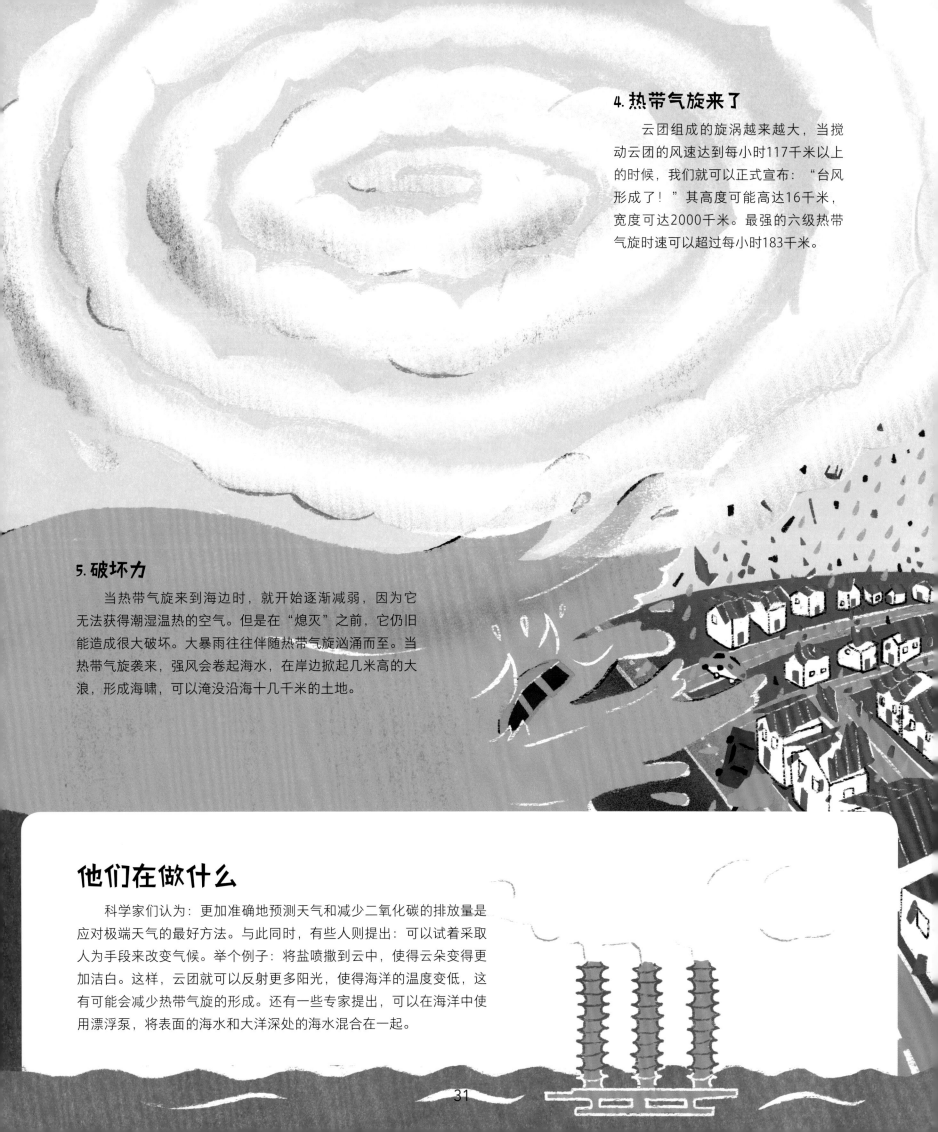

4. 热带气旋来了

云团组成的旋涡越来越大，当搅动云团的风速达到每小时117千米以上的时候，我们就可以正式宣布："台风形成了！"其高度可能高达16千米，宽度可达2000千米。最强的六级热带气旋时速可以超过每小时183千米。

5. 破坏力

当热带气旋来到海边时，就开始逐渐减弱，因为它无法获得潮湿温热的空气。但是在"熄灭"之前，它仍旧能造成很大破坏。大暴雨往往伴随热带气旋汹涌而至。当热带气旋袭来，强风会卷起海水，在岸边掀起几米高的大浪，形成海啸，可以淹没沿海十几千米的土地。

他们在做什么

科学家们认为：更加准确地预测天气和减少二氧化碳的排放量是应对极端天气的最好方法。与此同时，有些人则提出：可以试着采取人为手段来改变气候。举个例子：将盐喷撒到云中，使得云朵变得更加洁白。这样，云团就可以反射更多阳光，使得海洋的温度变低，这有可能会减少热带气旋的形成。还有一些专家提出，可以在海洋中使用漂浮泵，将表面的海水和大洋深处的海水混合在一起。

海洋污染

　　几乎地球上所有的水都来自海洋：大海一望无际，深不可测。于是人类开始把所有没用的东西（包括废弃的石油、化肥、农药，排泄物甚至是放射性废物）都倒进大海里，认为海水可以稀释一切，并不会引起任何问题。这显然是不对的。然而时至今日，科学家们最担心的是塑料碎片的问题。在夏威夷和加利福尼亚之间的北太平洋海域里，甚至直接形成了一片巨大的"塑料垃圾漂浮物"。据估计，这片漂浮物的面积是得克萨斯州的2倍，包含7.9万吨塑料垃圾（质量相当于8个巴黎埃菲尔铁塔）。实际上，尽管有人称它为"浮岛"，但它既不是一座小岛，也并不会漂浮。它其实是由微塑料（即长度不超过5毫米的塑料碎片）构成的，有点像漂浮在汤里的胡椒粉颗粒，从海面到海底都能看到它们的身影。事实上，或许你曾乘着船从塑料颗粒中划过，却对它们的存在一无所知。不幸的是，这仅仅是全世界最有名的"塑料浮岛"，却不是世界上唯一的"塑料浮岛"：还有另外4座分布在其他地方。如果我们不采取措施，等到2050年，海洋中的塑料碎片可能比鱼还多。

之前……

　　地球97%的水都来自海洋，大约70%的地表覆盖着海水。

　　我们在海洋中已经发现了超过20万种生物，但据科学家称，还有更多尚未发现的物种，可能达到数百万种。实际上，超过80%的海洋尚未被开发。

为什么阻止海洋污染非常重要

某些类型的塑料碎片，例如渔民的渔网，或者是塑料做的易拉罐、收纳盒，可能会卡住鱼类或其他海洋生物，甚至导致它们死亡。这些碎片也会损坏渔船的发动机。

塑料碎片经常会被海洋生物误认为是食物：小鱼和鲸会把它们一口吞下。塑料碎片会使它们产生饱腹感，并不再进食，直到被活活饿死。如果我们不小心食用了这种鱼类，也会有生病的危险。

许多塑料碎片从大海返回陆地，停留在沙滩上，我们要花大量的人力物力去清理并销毁它们。

二氧化碳

人类产生的二氧化碳，约有30%被海洋吸收。海洋吸收的二氧化碳越多，酸化的风险也就越高，海洋酸化还会破坏珊瑚礁（请参阅第44页）。

后来……

每年大约有800万吨来自陆地的塑料废物被排入海洋，相当于90多艘大型航空母舰的质量。

大约有90%的塑料废物通过10条河流流进海洋，其中8条在亚洲，2条在非洲。

位于南太平洋的亨德森岛，方圆5000千米之内没有主要的陆地，它是地球上受污染最严重的岛屿：每平方米覆盖着671块塑料碎片。经过分析，这些塑料碎片来自全世界不同的国家。

为什么会发生这种事

塑料废物是海洋污染的主要来源：从沉船到渔民的渔网，再到所有一次性塑料制品（香烟过滤嘴、瓶子、吸管、气球、袋子、瓶盖……），80%的塑料废物来自陆地。肥料、农药和其他物质也可能造成污染，例如汽车在马路上洒下的汽油残留物，在雨水的冲刷下会流向大海，这也是一种污染物，但我们无法得知它们的确切源头。

这些事是如何发生的

1. 直接污染

塑料废物有可能直接进入海洋：有些人可能故意把它们丢进海里，有些塑料废物也可能是无意间流入大海的，例如有些塑料袋就是被暴雨冲进大海的。海啸和龙卷风也会将大量塑料碎片带入海水中。

2. 间接污染

有些时候，塑料碎片来自数百千米之外的城市，间接进入海洋：在雨水的冲刷下，这些垃圾沿着城市的排水通道流进河流，然后再进入大海。

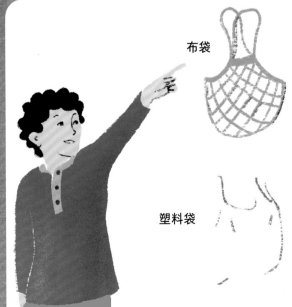

布袋

塑料袋

你可以做些什么

一旦垃圾进入海洋，想要清除它们就变得更加困难了。因此，最好的解决方法就是阻止它们进入大海。为了实现这一目标，从2021年起，欧盟将禁止使用吸管、一次性餐具、一次性盘子、塑料杯和其他一次性物品。但是为什么还要等一阵子，而不是立刻禁止使用这些物品呢？因为我们需要时间寻找替代品。氦气气球也被禁止使用和销售：没错，这些气球是很漂亮，可是你也无法确定它们最终的归宿将是何处。如果你平时使用的牙膏、沐浴露、面霜中都混进了塑料微粒，你会怎么想呢？尽量不要使用塑料制品，并努力说服你的爸爸妈妈，一起加入我们的环保行动吧！

3. 风力的影响

    风也能将物体带到很远的地方去。举个例子，如果垃圾被堆放在巨大的露天垃圾场中，没有进行填埋或二次处理，气球和塑料碎片等垃圾就会被风"搬运"到大海里。

5. "海洋斑点"

    在一些洋流的影响下，许多塑料碎片被吸进漩涡中，不断旋转，形成巨大的"海洋斑点"。同样也是在洋流的作用下，一部分塑料碎片返回陆地，并沉积在世界各地的海滩上。

4. "微塑料"的形成

    一旦塑料垃圾进入海里，在阳光的作用下，许多塑料碎片开始发生光降解，变成越来越小的碎片，直到形成所谓的"微塑料"。

他们在做什么

    清理海洋塑料垃圾的难度很高，花费也很高。然而，有人一直在坚持做这些事情。例如博杨·斯莱特——这个荷兰青年在他19岁时（2013年）成立了一个名叫"海洋清理"的环保组织，该组织的目标是清理太平洋中50%的塑料垃圾，去除"海洋斑点"。他们使用的设备是一个长约1千米的U形管。管道漂浮在海面上，在锚的帮助下慢慢减速，并用底部的栅栏"抓住"海面的塑料碎片。不过，即使有一天，我们能够清理掉所有的海洋塑料碎片，也不能继续毫无节制地生产塑料垃圾。此外，在塑料垃圾进入海洋之前，我们必须对它们进行拦截。

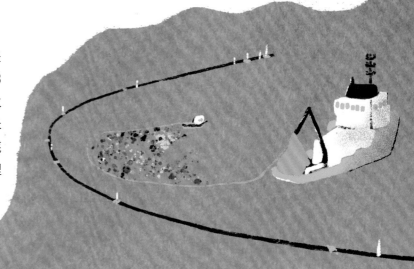

荒漠化

　　你一定听说过这样的故事：全世界最大的热带沙漠撒哈拉沙漠，曾经是一片绿洲，那里湖泊众多、小溪潺潺、绿树成荫。没错，这都是真的。事实上，在这个地区，降水充沛的雨季和像现在这样滴雨不下的旱季，会以约2万年为一个轮回交替出现。这都是地轴（即地球自转的假想轴）倾斜度变化造成的。然而，一份2017年的研究表明，人类将绵羊、山羊和母牛引进撒哈拉地区，这些动物毫无节制地大肆啃食当地植被，使得干旱的情况变得越来越严重，引起了大自然的恶性循环。没错，直到今天，人们也依旧在做着蠢事。举个例子：中亚的咸海变成今天这个样子，正是人类一手造成的。它原本是世界第四大湖。但自1960年以来，湖泊面积不断缩小，因为给它供水的两条河流都被人类改道，用于灌溉种植的棉花。这是人类造成的最严重的环境灾难之一。如今，咸海几乎已经完全消失了。

之前……

　　地球上只有3%的水是淡水，实际上只有一小部分（约0.5%）可供人类使用。

　　干旱地区（即降雨稀少的地区）占地球的41.3%，居住着20多亿人。

大约44%的耕地位于干旱地区，生产出大约60%的食物。

为什么阻止荒漠化十分重要

多亏了土地，我们才能填饱肚子。根据估算，等到2050年，为了养活全世界的人口，粮食产量至少要增加50%。

土壤也是淡水的主要"储水库"：如果土壤变得干燥，会逐渐失去这一功能。

干旱引起的荒漠化比其他任何自然灾害（例如地震等）造成的死亡人数都要多，而且我们很难预知这种情况。

荒漠化使得风能够扬起更多的沙子。沙尘暴会导致严重的呼吸道疾病，并污染水质。

后来……

到2025年，将有18亿人生活在缺水的环境中，这也可能导致冲突和战争。

由于沙漠化和干旱，每年有1200万公顷的土地失去肥力：这是一个与朝鲜面积一样大的地区（或者说只比希腊小一点），可以生产2000万吨的小麦。

由于荒漠化，到2030年将有5000万人被迫离开自己的家乡，到2045年，这个人数预计将会达到1.35亿。

干旱是如何形成的

1. 气象干旱

在某些地区，雨季和旱季（即几乎一滴雨都不下的季节）交替出现。例如在阿塔卡马沙漠，旱季是可以预见的。然而，在某些地区，当一段时间内的降水量低于预期的时候，就会出现问题。在这种情况下，我们将之称为"气象干旱"。

2. 水文干旱

如果很长一段时间没有下雨，尤其是气温很高的时候，河流、湖泊和地下水的水量也会减少。当储水量低于平均水平时，我们称之为"水文干旱"。

3. 农业干旱

当土壤中的水分不足以满足农作物的生长需求时，这就是所谓的"农业干旱"：土壤失去水分，造成农作物减产。

你可以做些什么

即使你生活在水资源十分丰富的地区，也不要浪费水：刷牙时记得关掉水龙头；在小盆中清洗水果和蔬菜；使用洗衣机和洗碗机前要先把水放满；太阳下山后再给植物浇水；当你要洗澡的时候，最好选择淋浴5分钟（平均用水75升），不要在浴缸里泡澡（平均用水250升）。此外，不要认为"绿色"是最环保的选择，事实上，家门前常见的小草坪会带来污染：需要用大量的水来浇灌它，需要花费大量的精力来修剪它，需要施肥来帮助它生长……如果你是个园艺能手，试着创建一座"省水花园"吧：通过这种园林技术，可以尽可能地节约水资源，在土地中种下美丽的植物。

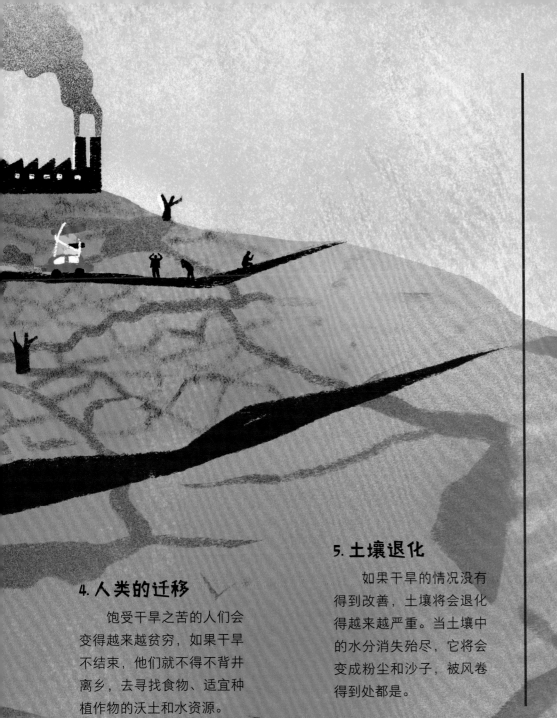

为什么会发生这样的事

"荒漠化"不仅仅意味着沙漠的扩张，从广义上讲，它还包括全球范围内干旱地区土壤的退化。干旱是引起荒漠化的主要原因。而降水量的减少，也是由不同的自然现象引起的，例如风向和海洋温度的变化。当然，它也会受到人类行为的影响：砍伐森林（请参阅第12页）、发展集约化农业和畜牧业（请参阅第48页）、改变土壤的耕种方式、火灾（请参阅第56页）和过度开发水资源等。

5. 土壤退化

如果干旱的情况没有得到改善，土壤将会退化得越来越严重。当土壤中的水分消失殆尽，它将会变成粉尘和沙子，被风卷得到处都是。

4. 人类的迁移

饱受干旱之苦的人们会变得越来越贫穷，如果干旱不结束，他们就不得不背井离乡，去寻找食物、适宜种植作物的沃土和水资源。

他们在做什么

2007年，"绿色长城计划"在非洲拉开帷幕，计划在撒哈拉沙漠南部的萨赫尔地区种植100万棵树，使100万平方千米（面积相当于整个埃及）的土地重新变为沃土。中国也开展了类似的活动，许多年前，政府就开始在同戈壁滩沙漠接壤的边界建立起一座长达4800千米的"绿色长城"，以便阻止沙漠进一步向外扩张。此外，还是在中国，一个项目已经悄然启动：那就是创建一系列"海绵城市"——使用具有渗透和过滤功能的材料制成屋顶、路面和其他表面，能够吸收和重复利用70%的雨水。

空气污染

　　下面的说法或许和大众的认知完全相反：干净的空气主要由氮气构成，而非氧气。此外，如果空气遭到了污染（这种事在许多大城市里经常发生），我们就不得不吸入许多不健康气体（二氧化硫、二氧化氮、二氧化碳、臭氧……）。不仅如此，空气中还飘浮着数十亿个"微粒"（花粉、烟雾、沙子、灰尘……），它们组成了所谓的"悬浮颗粒物"（其中也包括"气溶胶"）。所有的这一切气体和微粒组成了"烟雾"。自从人类开始使用煤炭以来，"烟"和"雾"的混合体就一直笼罩着大城市。想一想吧，1952年在伦敦持续了5天的那场烟雾夺去了约1.2万人的生命。从那之后，煤炭的使用在世界上许多地方都受到了严格的管制。根据世界卫生组织的标准，全世界九成多的人口都生活在空气污染物超标的地方，因此，人类并没有完全解决空气污染的问题。

之前……

我们日常呼吸的、没有受到污染的空气，氮气占78%，氧气占21%，氩等稀有气体和水蒸气、二氧化碳占1%。

地球形成的时候，火山喷发期间释放出大量氮气及其他气体，构成了包裹我们这颗星球的大气层。

为什么治理空气污染非常重要

烟雾会损害人体健康：对心脏的损害（有可能会引发心脏病等疾病）甚至超过对肺部的损害（烟雾也会引起哮喘……），更不用说会出现咳嗽、打喷嚏、眼部灼烧、头痛和其他健康问题，这些小毛病虽然算不上严重，但却实在令人心烦。

被污染的空气中含有二氧化硫等硫氧化物和一些氮氧化物，经过化学反应，很容易形成酸雨，也就是pH值小于5.6的雨雪或其他形式的降水。酸雨会对动物、植物、建筑物和名胜古迹造成危害。

一般来说，烟雾会对气候产生不利影响，因为它会增强温室效应（请参阅第6页）。

后来……

根据世界卫生组织的数据，估计每年有约700万人死于空气污染，大多发生在贫穷国家和发展中国家。

据某机构发布的空气质量报告，2019年全世界污染最严重的10个城市中有6个属于印度。在意大利，空气污染较为严重的城市大多在波河平原。

烟雾是怎样形成的

1.冬季烟雾

在寒冷潮湿的冬天，汽车排出的尾气、工厂烟囱排出的浓烟以及化石燃料、燃煤供暖系统产生的烟和雾混合在一起，会在空中形成雾霾，里面包含各种气体和悬浮颗粒物（我们称之为"主要污染物"），这就是所谓的"冬季烟雾"。

2.颗粒物

空气中飘浮着各种大小不一、形状各异的颗粒（例如花粉、沙粒、烟尘和煤烟）。颗粒越小，危害越大，因为它们可以进入肺部，并从那里渗入到血液循环当中。这些可吸入颗粒物由臭名昭著的PM10（即直径为10微米的可吸入颗粒物）和诡计多端的PM2.5（直径为2.5微米的细颗粒物）组成。这些颗粒比一根头发（平均厚度小于或等于100微米）还要小至少十分之一。

头发 PM 2.5 PM 10

你可以做些什么

尽可能选择步行、骑自行车、乘坐公共交通工具，尽量少乘坐私家汽车。为什么要这样做呢？如果大家都要去同一个地方，为什么要乘坐两种不同的交通工具呢？试着向你的爸爸妈妈解释这个道理，并说服他们。用电也会产生烟雾。当你离开房间时记得关掉电灯。当你不用某些电子设备时（例如游戏机的手柄），请将它们完全关闭或者拔下电源插头（亮灯的待机状态也会消耗同样的电量）。我们发送的电子信息也不是用空气传送的，也需要消耗能量。所有这一切都会对环境产生巨大的影响。不要通过狂发消息来打发时间，试着成为一位"信息生态学家"吧！

3.夏季烟雾

在干燥炎热的夏季，在阳光的作用下，"一次污染物"（例如一些氮氧化物）和溶剂、油漆、燃料中的挥发化合物发生化学反应，产生了光化学烟雾，我们将之称为"夏季烟雾"。这是一种笼罩着整座城市的淡蓝色薄雾，里面充斥着各种气体，其中就包括所谓的"二次污染物"，例如臭氧。如果臭氧出现在大气层中，那么它可以保护地球免受太阳辐射的危害；但如果它出现在低空，吸入臭氧很有可能会对我们的健康构成威胁。

为什么会发生这种事

交通工具是空气污染的主要来源之一，尤其是那些使用柴油的汽车。根据估算，全世界有超过10亿辆汽车和约3.9万架飞机。在地球的许多地方，仍然使用着燃煤供暖设备，还有许多燃煤工厂、垃圾焚化炉等，都对空气造成了极大的污染。在自然界，导致空气污染的主要原因是火山爆发、森林火灾和沙尘暴。

他们在做什么

许多国家都在减少使用化石燃料（例如煤炭、石油、天然气……），尽可能使用可再生的清洁能源。举例：风力涡轮机或水力发电厂是利用风力或水力来发电，太阳能电池板可以"捕获"光能，我们也可以利用藏在地下的天然热量（地热能）来取暖。有新的交通方式吗？电动汽车越来越流行：虽然它们也会造成一些污染，但至少不会污染空气。在中国西安，为了净化空气，人们建起了一座巨大的雾霾净化塔，它可以吸入空气，过滤掉其中的有害物质，然后排出净化后的空气。

珊瑚白化

第一眼看上去，珊瑚很像五彩缤纷的岩石，事实上，它是一种动物，拥有十分坚硬的骨骼。单个珊瑚包含着几千个微型珊瑚虫（你可不要把珊瑚虫和章鱼搞混了①）。随着时间的流逝，生活在同一区域的珊瑚也会慢慢地融为一个整体。因此，几千年来，它们在热带海洋中形成了珊瑚礁。许多人认为，珊瑚礁就是海洋中的热带雨林。虽然它们占海底的面积不足1%，但是海洋中25%的生物都栖息于此：鱼类，珊瑚，还有各种软体动物、海绵、甲壳类动物……不过，世界上没有哪片珊瑚礁能与澳大利亚的大堡礁相媲美：这片位于昆士兰州沿海的珊瑚礁已经有3000万年的历史了，占地面积20.7万平方千米，比德国的领土面积要小一些。因此，它被认为是地球上体积最大的生物，也是最古老的生物之一。

① 译者注：在意大利语中，珊瑚虫写作corallo，章鱼写作polipo，这两个单词长得很像。

之前……

珊瑚礁每年生长1~2厘米。

珊瑚礁生长在水深约150米的温水区域中，因为它们需要阳光。

为什么珊瑚礁非常重要

珊瑚礁吸引了许多游客，是附近居民的重要收入来源。

珊瑚礁与数千种鱼类的生存息息相关，它也是世界上生物多样性的集中体现。

我们钓上来的鱼和食用的鱼都来自珊瑚礁——它们是全世界超过5亿人口的食物来源。

珊瑚礁保护海岸免受海浪的侵袭：约94%的海浪在遭遇珊瑚礁时，冲击力会被吸收或减弱；约84%的海浪会在遇到珊瑚礁时降低浪高。

后来……

在过去的30年中，世界上50%的珊瑚礁已经消失。专家称，到2050年，90%以上的珊瑚礁将会消失。

珊瑚白化的原因是什么

1.健康的珊瑚

一种微型海藻生活在珊瑚体内，二者形成了共生关系，需要彼此依靠，才能存活下去。事实上，这种微型海藻是珊瑚的主要食物来源，并给珊瑚披上了五颜六色的"外衣"。

2.面临环境压力的珊瑚

当珊瑚遭受环境剧变带来的压力时，就会排出体内的藻类，然后慢慢变白。这有点像是人类在"发烧"，是一个警示信号，这个时候的珊瑚还是有望恢复健康的。但是如果环境的压力持续存在，它们就会面临死亡的风险。

你可以做些什么

当你去海边度假的时候，可以留意一下自己用的防晒霜：许多研究结果表明，防晒霜中所含的某些成分（尤其是氧苯酮）溶于水后会释放出某些物质，这些物质会破坏珊瑚礁。如果你喜欢潜水或浮潜，来到珊瑚礁附近时，请不要触摸或者踩踏珊瑚，更不要折断珊瑚带走。也不要从小贩手中购买珊瑚，把它们当作礼物或者纪念品。尽量少购买带有塑料包装的食物或者饮料，例如瓶装矿泉水。自己带一个水瓶吧，你觉得这个主意怎么样？

3. 死珊瑚

如果情况没有好转，珊瑚会死掉，并被一种长得像毛发的藻类所覆盖。

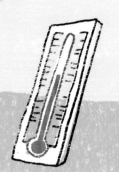

为什么会发生这种事

造成珊瑚礁压力大增的原因有很多。最主要的原因就是海洋温度升高，即使只升高2℃~3℃，也会造成很大的影响。过多的光照也会导致珊瑚礁白化，尤其是在浅水区域。许多废弃的化肥、塑料、雨水带来的垃圾碎片被排放到海里，大气污染造成了海水酸化。甚至某些捕鱼的方法也会引起严重的危机：有些人使用氰化物捕鱼——向海中喷撒有毒物质，以便捕获色彩艳丽的鱼儿，将它们贩卖到水族馆等地展览；有些人会用炸药来炸鱼；还有些人会用某些类型的渔网来捕鱼，他们的做法会对珊瑚礁造成物理伤害。以上这些活动都会对珊瑚礁造成很大危害。

他们正在做什么

在美国佛罗里达州，莫特海洋实验室的艾琳·穆勒和其他研究人员一起创造出了一种方法，可以快速地种植珊瑚，花费的成本也十分低廉。澳大利亚海洋科学研究所的研究人员玛德琳·范·奥本则尝试在实验室中"筛选"和"繁殖"经过人工改良的藻类和珊瑚，它们能够承受更高的温度。如果这些实验能够成功，在未来，就有希望将这些"超级珊瑚"移植到现有的珊瑚礁中，使后者变得更加坚强。

集约化农业和畜牧业

等到2050年，地球上将会有100亿人（截至2019年8月约有77亿人）。想要养活这么多人口，需要更多可供耕种的土地：根据估算，我们需要的土地几乎和整个澳大利亚的面积一样大！正是出于这个原因，近年来人们开始发展集约化农业和畜牧业，以便尽可能在最小的空间里生产出更多产品：人们使用农业机械、化学药品（化肥、农药），让动物们的一生都在养殖大棚里度过……尽管如此，仍然有几百万人还在忍饥挨饿。与此同时，我们污染了地球，加剧了全球变暖（请参阅第4页）。实际上，我们没有解决任何问题，仍然在用不可持续的方式进行各项生产活动，也就是说，我们消耗的资源远远超过地球上可支配的资源。我们种植的大部分植物都不是给人类食用的，而是用来饲养动物，等到动物长大……再把它们吃掉！

之前……

1961年，全世界平均每人食用24千克肉。

1900年，牧场和农场的占地面积约为2500万平方千米（约占地球土地的20%）。

48

为什么避免集约化的种植或养殖非常必要

集约化农业和畜牧业，是砍伐森林（请参阅第12页）和生物多样性丧失（请参阅第24页）的主要原因之一。

一方面，使用的化肥和动物的粪便污染了水质（请参阅第52页）；另一方面，杀虫剂杀死了蜜蜂和其他昆虫。

与蔬菜相比，生产肉类需要更多的资源。举个例子，生产1块500克重的牛排，平均需要耗费8000升水。

8000

反刍动物（牛、羊……）打嗝或放屁排出的大量甲烷（最多占甲烷排放总量的27%），是导致全球变暖（请参阅第4页）的温室气体之一。

后来……

今天，平均每人每年消耗44千克肉。肉类消费较多的国家是美国、科威特、澳大利亚、巴哈马和卢森堡。

世界上约有2.32亿头奶牛，约有230亿只鸡。

今天，牧场和农场的占地面积约为5000万平方千米（约占地球土地的40%和可居住用地的50%）。

这一切是如何发生的

1. 滥用化肥

从长远来看，滥用化肥和不实施轮作将会破坏土壤，使它失去肥力。实际上，耕作层只有几十厘米深，而形成2.5厘米的新土壤大约需要1000年。

2. 饲养动物

在集约化农场中，动物们总是被关在养殖大棚中，没有机会去室外"兜风"。一天24小时里，动物们每时每刻都有东西吃，如果它们渴了想喝水的话，也随时可以喝到（自动饮水器可以随时供应水）。有的时候，人们会在动物们的食物和饮水中加入维生素和激素，以便它们能更快增肥。

3. 动物排泄物

必须定时清理牲口圈里的尿液和粪便，并把它们集中到一个巨大的储蓄池中。和它们打嗝、放屁时排出的气体一样，这些动物排泄物会产生温室气体。动物们的尿液和粪便可以用来施肥，也可以用来生产替代能源（例如沼气）。不过你可要注意了，如果储存不当，很有可能会污染附近的水源哟！

你可以做些什么

在这个世界上，有许多素食主义者，他们既不吃肉，也不吃鱼。还有许多严格素食主义者，他们甚至连牛奶、鸡蛋、奶酪之类的食物都不吃。促使他们这样做的原因有很多，例如他们不想为了自己的健康而杀死其他动物……在许多科学家看来，还有另一个原因：减少我们食用的肉量，对于改善气候变化有着不可忽视的作用。你可以从自身做起，一周当中挑一两天，试着少吃点肉，或者不要食用集约化农业的产物。此外，请尽量避免浪费：如果你不饿，就不要在盘子里放太多食物；尽量把盘子里的食物都吃光，如果吃不完，就把它们放进冰箱，第二天再吃。

为什么会发生这样的事情

人口过剩，也就是和现有资源相比，人口的数量已经太多了。这也是人们不得不通过集约化农业和畜牧业生产更多肉类、鱼类和其他食物的主要原因。但是，我们"喜欢吃什么"和"我们吃得了多少"也很重要。举个例子，不考虑人口的增长，鱼类和肉类的消耗一直在不断上升。但是许多食物却被不必要地浪费了：每分钟都有3000千克的食物被丢掉！

4. 宰杀

当动物们长大后，就会被装到卡车里，运送到屠宰场。2014年，约有620亿只鸡、15亿头猪、6.49亿只火鸡、5.45亿只绵羊、4.44亿只山羊、3.01亿头牛被杀死。

他们正在做什么

为了使农业的发展具有可持续性，许多人青睐非集约化农产品和有机食物。因为这种作物不施农药，耕种过一轮后的土地会休耕，以此保持长期的肥力。我们也可以利用垂直农业的优势，在建筑物内部或顶部种植植物，不需要使用土地，只用人造光源就可以满足植物的生长需要。为了降低奶牛产生的甲烷排量，一些科学家发现：只需要在它们的食物中添加一种特殊的海藻就行。还有一些人提出：吃掉更多的昆虫，或许也是个不错的方法。

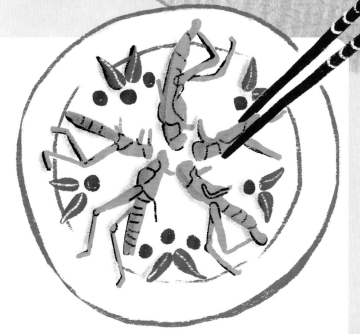

水体富营养化

美味的食物，或多或少都意味着"富营养化"（这个单词在意大利语中写作eutrofizzazione）。这个词有点难拼，它来自希腊语中的"en"（意思是"好"）和"trophé"（意思是"营养"）。总而言之，这是一个很美的词。那么问题来了，就像甜品和巧克力一样，好东西也会带来伤害。当化肥、洗涤剂、尿液、粪便和人类或动物产生的其他物质中所包含的营养物质（氮、磷、氨……）进入湖泊和大海之后，就会发生"富营养化"的情况。对于人类来说，有些东西是垃圾，但是对于藻类和其他植物来说，它们可是天赐的美味！如果这些藻类和植物能说话，一定会大喊：太棒了，赶紧把它们吃掉、吸收掉！于是，这些植物长得飞快，并开始疯狂扩散。结果呢？它们的胶质黏液大肆入侵海洋和沙滩，把那里变成了绿色的臭水塘，鱼儿因为缺氧而死去。不幸的是，在世界范围内，这些"死亡区域"正以肉眼可见的速度成倍增加。

之前……

根据2014年的一项研究，除里海、南极洲和格陵兰的冰冻地区外，地球上大约有1.17亿个湖泊。

湖泊覆盖了地球上约4%的面积。

当湖泊老化并充满沉积物时，这片水域也会出现自然原因导致的富营养化现象。

为什么阻止水体富营养化非常重要

藻类大量繁殖会导致水变得浑浊，有时甚至会发出难闻的气味，对旅游业造成严重破坏。

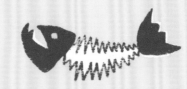
生活在富营养化水域内的植物、鱼类和其他动物可能生病并死亡。

富营养化还可能引起藻类开花，这些花朵中含有毒素，会污染饮用水并给人类带来健康问题。

当植物和藻类死亡时，它们会将大量二氧化碳释放到大气中，从而导致全球变暖（请参阅第4页）。

后来……

受水体富营养化影响的沿海地区约有762个，其中479个处于缺氧状态，即由于富营养化导致缺氧。

根据一项研究，水体富营养化影响了54%的亚洲湖泊，53%的欧洲湖泊，48%的北美洲湖泊，41%的南美洲湖泊和28%的非洲湖泊。

由水体富营养化引起的十大"死海"中，有7个在波罗的海。

为什么会发生这一切

促使藻类疯狂生长的养料主要来自以下4个方面：农业、畜牧业、下水管道和化石燃料。在欧洲和美国，农业占了大头。自1960年以来，化肥的使用越来越多。养殖动物产生的粪便、鱼类的排泄物以及水产养殖业产生的垃圾都会造成水体富营养化。而在亚洲、南美洲和非洲，生活垃圾和工业废水也是水体富营养化的重要来源。最后，即使是燃烧产生的氮氧化物（从壁炉到汽车发动机都会产生这种物质）也可能导致水体富营养化。

这一切是如何发生的

1.吸收

举个例子，下过雨后，化肥中的养分被田野中的土壤吸收，然后通过地下水道和河流，或是经由地表直接流进海洋和湖泊。

你可以做些什么

很早以前，许多国家都已经下令禁止或者限制在洗涤剂和除垢剂中添加磷酸盐作为软水剂。买洗涤剂之前，你可以看看标签，确认成分表中没有磷酸盐等容易导致水体富营养化的物质再选择购买。有的时候，这样做还能让你避免浪费。当洗碗机和洗衣机里的水只有一半的时候，不要打开开关。如果你只是用锅烧开水，就不需要用洗洁精再清洗一遍锅，用热水冲一下就可以了。如果你想要去除油脂或清理水垢，可以用醋来替代除垢剂。除此之外，如果你想要洗手的话，尽量不要用装在塑料瓶中的洗手液或是沐浴露。为什么不试试花钱更少、污染更少的经典香皂呢？

2. "绿色浮渣"的形成

藻类以水体里的微生物或其他养料为食，开始快速生长和繁殖，在水面形成厚厚的一层"绿色浮渣"，水体也变得浑浊。

3. 植物的死亡

阳光无法穿透厚厚的水藻层，下层的植物开始死亡，因为它们的叶绿素无法进行光合作用。一旦养分耗尽，水藻也开始死亡。

5. 鱼的死亡

如果不能迁移到其他地方，那么生活在这里的鱼类和其他动物都会因缺氧而死。

4. 细菌的作用

细菌开始"吃掉"并消化死去的植物和藻类，释放出其他养分。与此同时，它们吸收残留的氧气，并释放出二氧化碳。

二氧化碳

二氧化碳

二氧化碳

他们正在做什么

为了减少水体富营养化，必须净化废水，限制使用化肥，更好地管理家畜的粪肥，监控地下水和地表水……所有这些事情，许多国家已经着手在做了。还有人提出了一个别出心裁的解决方案：向水中投放大量贻贝等软体动物，它们可以过滤水体，帮助消化额外的养分。波罗的海周围的国家正在试行这一方案。此外，还有一些人正在尝试使用"纳米气泡"，这些比人类头发丝还细的小气泡被发射进湖底，气泡破裂后释放出氧气和臭氧，有利于消灭藻类。

火灾

2019年，一场毁灭性的大火几乎吞噬了整个澳大利亚，甚至在太空中都能看到巨大的烟柱，这样可怕的场景实在让人印象深刻。不过，用事实说话，"火灾总是有害的"这一想法并不完全正确。实际上，在大自然中，火灾对于某些生态系统产生了积极影响：火灾可以杀死有害的昆虫和杂草；促进花朵和水果的生长（火灾后遗留下来的灰烬是一种极好的肥料）；森林的树冠部分被烧掉，使得阳光和雨水能够触及森林底部……只有火灾的势头过猛、持续时间过长、变得无法控制的时候才会带来负面影响。然而，在全球变暖（请参阅第4页）和极端天气（请参阅第28页）加剧的情况下，火灾也在走向极端。

之前……

一些植物需要火的帮助，才能够生长，并从灰烬中"重生"。举个例子，只有周围的温度因为着火而变得很高的时候，掉在地上的松果才会打开，里面的种子才能掉出来。

2000年至2016年间，全世界每年平均约有340万平方千米的植被被烧掉，面积比印度还要大。

为什么避免森林大火十分重要

不受控制的森林大火摧毁了自然栖息地，并杀死了生活在里面的动物。

火灾还会对人们的生命、房屋和健康造成威胁。人如果吸入烟雾，尤其是长期吸入，会引起肺部和心脏问题。

大火产生的烟雾也会对气候产生影响。科学家们经过研究提出，烟雾会减少云量和降水量。

二氧化碳

树木在燃烧时，会将大量二氧化碳释放到大气中，与此同时，燃烧的树木也将无法吸收并保存二氧化碳。

后来……

始于2019年6月的澳大利亚山火，截至当年年底已经烧毁了超过10万平方千米的植被，烧死了大约30亿只动物，包括8000多只考拉。

由于气候变化，自1980年以来，火灾高发季节（也就是火灾经常发生的时期）已经大大延长，地球表面至少四分之一的植被都将受到火灾的威胁。

为什么会发生这样的事

大约90%的火灾是由人类造成的：户外烧烤、随手丢弃还在燃烧的烟头……一辆路过的汽车擦出的火花都足以引起一场火灾。自然环境中，闪电是引起火灾的主要原因。有的时候，火山喷发也会引起火灾。由于气候变化引起的气温升高不会直接引发火灾，但是在其中扮演了重要的角色。为了把自己的食物——昆虫和小型啮齿类动物——赶出树丛，一些鸟儿也会用爪子或嘴巴叼着燃烧的树枝，把火灾引向其他地区。

这一切是如何发生的

1.着火源（着火点）

引发一场火灾，需要3个基本元素，它们组成了所谓的"火三角"：可燃物，着火源（闪电、点燃的火柴……）——能把温度提高到可燃物的燃点，以及氧气（或助燃剂）。想要点燃，这3个元素缺一不可。

你可以做什么

绝对不要把易燃的材料扔到木头上，尤其是在干燥的夏天。只在允许点火的地方和亲朋好友一起烧烤聚餐，临走前在火堆上倒水，确保在你离开前火已经熄灭。此外，如果你看到发生火灾，请立刻拨打紧急电话。如果你十分不幸地身处火灾当中，那么尽量躲在有水或者植被较稀疏的区域。用水打湿衣服披在身上，趴在地上匍匐前进：因为烟雾是向上飘的，如果你贴近地面就不会吸入烟雾。如果实在没有其他选择，可以试着穿过火势较弱的区域，进入可燃物已经被烧光的地方。

2.火势蔓延

每当出现新的可燃物时，大火就会形成一道火线，在风的推动下不断前进。大火产生的热量会加热火线前面的空气，并使得潮湿的地面变得干燥，使之更容易着火。

3.火焰龙卷风

阵风有可能会卷起着火的碎片，把它们吹向很远的地方，从而引发另一场火灾。在某些情况下，势头凶猛的大火有可能会自发形成强劲的大风：炽烈的龙卷风以每小时160千米的速度移动，并且非常难以预测。

4.灭火

想要"驯服"烈火，就必须消灭"火三角"中的一个元素。举个例子，在大火到来之前，消防员有时会专门用干燥的木材和其他燃料烧光一大片区域，以此来建立防火屏障。消火栓、飞机或直升机会喷射出大量的水，以此来降低温度，减少氧气含量。

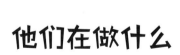

他们在做什么

"我们可以用'火地岛'系统来对付火灾！"美国天体物理学家卡尔·彭尼帕克这样称呼他的火灾预警系统。该系统由卫星、飞机、高塔和无人机组成，所有的设备都装配了传感器和红外线摄像机，能够在极短的时间内检测到火灾。斯坦福大学研究人员埃里克·阿佩尔则选择了一条完全相反的道路，他致力于研究一种特殊的凝胶阻燃剂。这种凝胶对环境无害，可以在高火灾风险的地区使用，在火灾发生之前就将它扼杀在摇篮里。

垃圾增多

获取——生产——丢弃，多年以来，我们已经习惯了这样的生活模式，不断生产垃圾，仿佛地球上的资源是取之不尽、用之不竭的。举个例子，仅2016年，我们就丢掉了2.42亿吨塑料垃圾，大约和160万头蓝鲸（地球上最重的动物）加起来的质量相等。2016年，全球产生的所有垃圾中，塑料仅占12%，还有橡胶和皮革（2%）、金属（4%）、玻璃（5%）、纸张和纸板（17%）、厨余垃圾（44%），以及有害废物（被污染的材料、易燃物，有毒物质等）和放射性废物……

问题在于，在为人类提供了那么多物质后，我们的星球需要时间来"恢复元气"，也需要时间来吸收被我们丢弃的垃圾。为了满足我们今天的"生态足迹"（也就是每年消耗的自然资源的总量）的需求，经过计算，我们需要1.7个像地球这样的行星！如果继续这样下去，等到2030年，我们就要"消耗"2个地球了！尽管不少科学家都对这种算法持有异议，但是所有人都同意："我们必须减少浪费！"

之前……

在2019年的7月29日，仅仅7个月我们就用光了地球在一年当中生产的全部资源。1971年，这样的"地球生态超载日"出现在12月。

为什么减少垃圾十分重要

垃圾产生的气体会增强温室效应（请参阅第6页），尤其是将垃圾丢入露天垃圾场或焚烧时会产生更多温室气体。在绝大多数贫困国家中，这种事经常发生，这些国家只能回收39%的垃圾（而富裕国家的垃圾回收率可以达到96%）。

垃圾引来了啮齿动物和昆虫，有时会带来疾病。如果处理不当，则有污染土壤和水源的风险。

塑料垃圾是海洋污染的主要来源之一，并且会对许多物种造成危害（请参阅第32页）。

后来……

总的来说，露天堆放的垃圾占33%，被丢弃在垃圾场、不进行二次处理的垃圾占25.2%，被回收的垃圾占13.5%，进行二次处理的垃圾占11.7%，被焚烧的垃圾占11.1%，被用作堆肥的垃圾占5.5%。

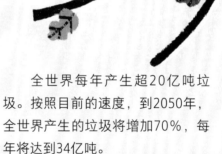

全世界每年产生超20亿吨垃圾。按照目前的速度，到2050年，全世界产生的垃圾将增加70%，每年将达到34亿吨。

塑料袋：
10~1000年后降解

玻璃瓶：
4000年后降解

香蕉皮：
6个星期后降解

牛奶纸盒：
5年后降解

铝罐：
80~200年内降解

纯棉运动衫：
6个月后降解

烟头：
10~12年内降解

纸：
2~6个星期降解

尿布：
550年后降解

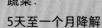
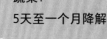

蔬菜：
5天至一个月降解

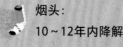

皮鞋：
50~80年降解

塑料瓶：
450年后降解

61

如何回收塑料瓶

2. 运输

专用卡车将塑料垃圾运送到垃圾分类中心后，首先在地面上卸货，然后人们再将其放到传送带上。

3. 分类

打开装着塑料垃圾的袋子，然后将它们放入带孔的旋转圆筒中，去除那些细小的塑料颗粒。此外，质量较轻的颗粒会被抽走，和其他的材料分开。最后，红外探测器会识别出PET材质的垃圾（即塑料瓶子等），用喷气机轻轻一吹，PET制品就跳到了另一条传送带上。用同一套系统，也能根据颜色对塑料垃圾进行下一次分类。

1. 回收

我们每个人每天都会产生0.74千克垃圾，不过这只是一个平均数。在某些地区，例如美国，这个数值达到了4.54千克！因此，尽可能地回收垃圾变得十分重要。让我们从塑料垃圾开始，把它们挑选出来放进专用的回收垃圾桶里。

27

你可以做些什么

不要丢掉你的旧衣服和旧玩具。为什么不和朋友们一起组织一个"小集市"呢？也许你可以找到自己喜欢的二手产品，这样就不用买新的啦！这不是很有趣吗？另外，如果某个设备无法运行了，在把它丢掉之前可以先送去维修。如果实在修不好，不得不把它丢掉，请记得：条件允许的话，取出电池，按照你所在的城市实行的垃圾分类要求，进行正确的处理。最后，从零食开始，试着购买散装和没有包装的食物，以减少使用塑料包装的数量。

4. 预洗

到达回收站后，瓶子进入另一个圆筒，用热水和蒸汽洗掉标签等残留物后，通过另一个红外探测器和一个金属检测器，剔除"入侵者"：其他塑料或金属。

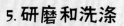

5. 研磨和洗涤

在带有旋转刀片的圆筒中，塑料瓶被剪成20毫米的碎片，然后被放进特殊的水箱中洗涤（以消除其他残留物），甩干（尽可能地去掉更多的水分），然后在干燥机中烘干。最后，将塑料碎片进一步研磨，把它们变成厚度约为6毫米的薄片（看起来有点像玉米片），然后再从中吸出灰尘。

6. 回收

这些薄片被出售给各种类型的公司，用作生产其他物品的原料。例如27个塑料瓶可以换一件羊毛运动衫。这是循环经济的一个优秀范例，在这一过程中，人们在获取资源的同时，充分考虑到资源的可再生能力，并试着去回收所有的资源。

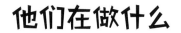

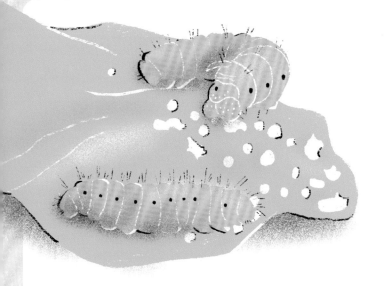

他们在做什么

几年前，在一个很偶然的情况下，意大利科研人员费德里卡·贝罗基尼发现：有一种名叫蜡虫的小毛虫，可以"吃掉"聚乙烯——这是公认的最难降解的塑料之一。在12小时内，几百条蜡虫吃掉了92毫克塑料，事实上，它们留下了一个被啃得千疮百孔的塑料袋。将来，科学家希望能够在实验室中生产出这种虫子肠道中所含的物质，从而开始解决对环境造成极大危害的塑料问题。

TANSUO QIHOU BIANHUA

探索气候变化

出版统筹：汤文辉
品牌总监：耿　磊
选题策划：耿　磊
责任编辑：戚　浩
助理编辑：宋婷婷
美术编辑：卜翠红
营销编辑：钟小文
版权联络：郭晓晨　张立飞
责任技编：王增元　郭　鹏

DISCOVERING CLIMATE CHANGES
Author: Andrea Minoglio
Illustrator: Laura Fanelli
© Dalcò Edizioni Srl
Via Mazzini n. 6 - 43121 Parma
www.dalcoedizioni.it – rights@dalcoedizioni.it
Simplified Chinese edition © 2021 Guangxi Normal University Press Group Co., Ltd.
All rights reserved.

著作权合同登记号桂图登字：20-2021-113 号

图书在版编目（CIP）数据

探索气候变化 /（意）安德里亚·米诺格里奥著；（意）劳拉·范妮绘；
林风仪译. 一桂林：广西师范大学出版社，2021.3
　　（原来世界这么奇妙）
　　书名原文：DISCOVERING CLIMATE CHANGES
　　ISBN 978-7-5598-3497-3

　　Ⅰ．①探… Ⅱ．①安… ②劳… ③林… Ⅲ．①气候变化－儿童读物
Ⅳ．①P467-49

　　中国版本图书馆 CIP 数据核字（2021）第 013227 号

广西师范大学出版社出版发行
（广西桂林市五里店路 9 号　邮政编码：541004）
（网址：http://www.bbtpress.com）
出版人：黄轩庄
全国新华书店经销
北京盛通印刷股份有限公司印刷
（北京经济技术开发区经海三路 18 号　邮政编码：100176）
开本：965 mm×1 092 mm　1/12
印张：6　　　字数：80 千字
2021 年 3 月第 1 版　　2021 年 3 月第 1 次印刷
定价：84.00 元

如发现印装质量问题，影响阅读，请与出版社发行部门联系调换。